魏世杰爷爷讲故事

奇趣自然

魏世杰 著

电子工业出版社·

Publishing House of Electronics Industry

北京·BEIJING

图书在版编目（CIP）数据

奇趣自然 / 魏世杰著 . -- 北京：电子工业出版社，

2025. 1. -- ISBN 978-7-121-49607-3

Ⅰ . N49

中国国家版本馆 CIP 数据核字第 2025FD3590 号

责任编辑：张贵芹　　郝国栋

印　　刷：北京缤索印刷有限公司

装　　订：北京缤索印刷有限公司

出版发行：电子工业出版社

　　　　　北京市海淀区万寿路 173 信箱　　邮编：100036

开　　本：787×1092　1/16　　印张：7　　字数：112 千字

版　　次：2025 年 1 月第 1 版

印　　次：2025 年 4 月第 7 次印刷

定　　价：39.80 元

　　凡所购买电子工业出版社图书有缺损问题，请向购买书店调换。若书店售缺，请与本社发行部联系，联系及邮购电话：（010）88254888，88258888。

　　质量投诉请发邮件至 zlts@phei.com.cn，盗版侵权举报请发邮件至 dbqq@phei.com.cn。

　　本书咨询联系方式：（010）88254506，majie@phei.com.cn。

编辑寄语

　　希腊哲学家亚里士多德说过，大自然的任何一个细节，都是精妙绝伦的。

　　热爱大自然，是人类的天性。多姿多彩的自然蕴藏着丰富的知识与奇闻趣事，魏世杰爷爷用自己丰富的阅历与科学底蕴，将这些故事采撷出来，讲给孩子们听，让孩子们在不知不觉间学到一些科学知识，还能开阔视野，学会一些思考问题和研究现象的方法，可谓一举多得。

　　魏世杰爷爷是两弹一星科研专家，从事我国的核武器研究达 26 年之久，其多项科研成果获得国家或国防科工委的奖励。他又是知名的现代科普作家，其科普著作曾获得科技部全国优秀科普作品奖。他的作品融科学性、文学性、趣味性于一体，属于科学文艺的范畴，特别适合青少年阅读。从这本小书中，小读者们可以领略到魏爷爷作品的独特风采。

　　值得指出的是，这些自然的奇闻趣事，并非都有准确的科学解释，还有很多未解之谜，等待后来人去进

一步研究。青少年是未来世界的主人，也是揭示这些未解之谜的后来人，提前了解这些未解之谜，对激发孩子们的求知欲，引导他们热爱科学，向往科学，早日走进科学殿堂的大门大有裨益。

大自然是伟大而美丽的。

当我们在生活中遇到困难或挫折时，不妨走出家门，走进大自然的怀抱，看看高山、草原、湖泊、大海、森林，看看各种动植物，或者在夜晚看看天上的星星，郁闷的心情会得到有效化解，观察自然，热爱自然，能让我们心胸宽广，能让我们解除忧虑，增添克服困难的力量。

如果小读者们从这本小书中受到一点儿启发，提高自己的品格，对将来扬帆远航有所裨益，出版本书的目的就达到了。

目录

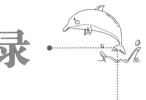

奇妙的火球

关于奇妙火球的新闻，可见于报纸、杂志的报道。例如，有一位读者来信说："我下了公共汽车，步行到父母家。路上忽然见到路旁的树林里好像开出了一辆摩托车，迎面向我驶来。那摩托车的车灯很亮，灯光刺眼。我忽然想到，刚刚下过一场大雨，道路泥泞的树林里怎么会有摩托车行驶呢？于是我停下脚步，仔细观察。

那摩托车在离我300米远的地方停下了，我这才发现，根本没有什么摩托车，那刺眼的车灯实际上是一个火球。正惊讶时，那火球竟朝我飞来，吓得我魂飞魄散。幸好那火球在离我几步远的地方又停住了，接着又转了个方向，朝另外的方向飞去……"

奇妙火球曾光顾过法国科学家弗拉马里昂的家，造成了不小的损失。据说那天是雷雨天，从他家的壁炉里突然蹿出一个火球。这个火球好像故意寻人开心似的，滚到弗拉马里昂的脚下，吓得他赶紧向后躲闪。那火球却像小猫爬树一般，顺势向他脸上爬去。弗拉马里昂一歪头，火球便带着"嗞嗞"的声响冲上天花板，冲向烟囱的洞眼。那烟囱是用纸糊死的，火球却不理会，径直冲破糊纸冲进了烟囱，接着响起了震耳欲聋的爆炸声。烟囱倒塌了，断砖碎瓦堆满了庭院。

奇妙火球又被称为球形闪电，把目击者的描述总结一下，大致可以看出它的一些特征：球形闪电只有在雷雨天气才能产生，火球的形状以球形居多，但也有犁形或类似兔子形状的，不过比较少见；火球的运动一般是缓慢的，是随风移动的，在空中飘动时会发出低沉的"唏唏"声或"嗞嗞"声，其颜色有红色、白色、蓝色，甚至黑色，但多为白色。目击者们还有一个共同的看法，球形闪电不遇到障碍物一般是不爆炸的，而遇到障碍物一般都要爆炸。

长时间以来，科学家们对球形闪电的存在持怀疑的态度，因为用现有的电学理论无法解释这一现象。然而，事实胜于雄辩，越来越多的事实使科学家们不得不正视这一现象，于是产生了许许多多的"假说"和"理论"。下面介绍的是莫斯科大学力学研究所的科学家们关于球形闪电的解释。

他们认为，球形闪电是一种"等离子体凝块"。这种凝块是由电子和离子构成的混合气体，来源于我们经常见到的普通的线状闪电。换句话说，产生普通闪电的能量的一部分"潜入"普通闪电所造成的"等离子体凝块"的内部，形成了独特的球形闪电，而静电场为它不断地补充能量。

但这只是一种理论解释而已，如果科学家们能在实验室里用人工方法造出球形闪电来，这种理论解释会更有说服力。可惜，现在他们还做不到这一点。

火山毁灭了一座城

意大利有座名叫维苏威的火山。公元 79 年，它的一次猛烈喷发把一座名叫庞贝的城市整个埋没了。猛烈喷发出来的气体，把火山口和一部分火山颈冲击成粉末，连同岩浆一起抛向高空。由气体、水蒸气、火山灰组成的烟云，一直升到几千米的高空。然后，像蘑菇云一样迅速扩散，遮天蔽日。不一会儿，火山灰便向地面倾泻而下。

在这次火山喷发中幸存的历史学家小普里尼，目睹了这惊人的一幕。他记述道："天上落下的火山灰，越落越密。我向四周一望，黑沉沉的浓云正向我们靠拢，前面的一切越来越看不清了。有人说，快跑吧，迟了就什么也看不见了。就在我们还未打定主意时，黑云扑面而来，到处一片漆黑。我听见了妇女的哀号、儿童的尖叫，有人呼叫父母，有人号啕大哭。许多人悲痛至极，高举

双手祈求神明保佑，大多数人认为世界末日已经到了。"

　　他继续写道："渐渐有了一点点亮光，仔细看时才知道那不是黎明前的曙光，而是一片片的熊熊大火。大火离我们较远，不多会儿又熄灭了。火山灰暴雨般猛扑下来。我们一直站着，不停地抖落身上的尘灰，否则就会被火山灰淹没或压死……"

　　这次火山喷发不仅埋葬了庞贝城，还有三座城市——格木库拉鲁姆、斯塔比亚和奥普隆基，也被炽热的火山

灰埋葬了。大量的火山灰甚至飘到了罗马、埃及和叙利亚。

过了 17 个世纪，人们把庞贝城挖掘了出来，找到了火山喷发时被掩埋的房屋、生活用品和艺术品，甚至还有变成"石头"的食品。现在，这里被开辟成一个展示火山威力的博物馆。

火山喷发的可怕，从几次火山喷发引起死亡的人数就可以看出端倪：印度尼西亚半个世纪来的 5 次火山喷发分别造成约 4000 人、5000 人、1 万人、3.6 万人、9.2 万人死亡。1815 年，印度尼西亚坦博拉火山喷发，其"吼叫"声传到 1000 千米以外，同时引发了剧烈的海啸。汹涌澎湃的海浪高达 40 米，涌向美洲和非洲，甚至绕过了好望角，冲到了英国和法国的海岸，试想其力量是何其巨大！

有几个海员亲眼见证了腊卡塔火山喷发。他们说："我们的轮船正停在苏门答腊港内。火山灰密密麻麻地从天而降，像一团很大的乌云遮挡了太阳。后来一团团黏糊糊的黑泥落下来，我们闻到令人窒息的刺鼻气味。天色越来越暗，海面像是在沸腾，海水翻滚得非常厉害……"

人们把地球比作母亲，把大地比作亲人。殊不知这位看来慈祥温顺的"母亲"，不鸣则已，一鸣则惊煞人也！

海里冒出个新岛

1973年，塔斯社发布了一条消息：在日本东京以南900千米的太平洋洋面上，突然出现了一个新的岛屿，并被日本命名为"西之岛"。一批日本学者乘坐直升飞机和轮船对这个岛屿进行了考察。这个岛的东边，有一个早就存在的小岛"东之岛"。"西之岛"的面积约为"东之岛"的2倍，长约800米，宽400～500米。

这个新岛是怎样形成的呢？学者们发现，那里的海底有一座活火山正在喷发，喷发物不断堆积，最后形成了海岛。学者们预言，如果海底火山继续喷发，两个岛屿之间的狭窄海峡有可能消失。一年后，这一预言实现了，"西之岛"和"东之岛"连成了一体。

　　海里的火山喷发，景象十分壮观，当然也十分危险。火山喷发时喷射出的热气和火山灰，越冲越高，有时甚至能冲出大气层，刮起黑色漏斗状的龙卷风。1845年，有一艘名叫"维坦格"的轮船横渡地中海时，驶入了海底火山正在喷发的海域，轮船险被海浪掀翻，船上的人因受不了从水下冒出的硫黄气体的熏蒸而昏倒在船上。

　　1952年9月，日本海洋考察船"贺阳丸"号驶进一座暗礁附近时，海底火山突然喷发，轮船立刻被汹涌的海浪掀了个"底朝天"，船上人员全部遇难。

　　海底火山喷发形成的岛屿一般是不稳定的，能在一夜之间"冒"出来，也能在一夜之间消失。其原因有两个：一是在这个"岛"的下面有不安定的因素——火山；二是火山岛

的结构不稳定，在海浪的不断冲击下会发生坍塌。

　　1796年，在阿留申群岛出现了一个火山岛，人们给它取名为"约安·波哥斯洛夫"。开始时它不断长大，周长增加到7千米；1819年火山喷发减弱，岛又渐渐变小，到1832年，岛的周长只有4千米了。就在它继续变小即将消失时，火山再次喷发了。这次喷发没有让岛再膨胀起来，却在它附近又冒出一个新岛。7年后，附近的新岛增加到了4个。

　　火山岛的形成过程有快有慢。1963年，一艘渔船经过冰岛的南海岸，渔民们有幸见到了火山岛诞生的景象。他们先是看到海面上的高空有一团巨大的烟云。通过雷达探测，他们觉察到有可能会出现一个新岛。一昼夜后，新岛露出海面约10米；10天之后，新岛离海面的高度已达到100米，总面积约有0.5平方千米。

　　最有趣的故事也许要算是"尤里亚岛"争夺战了。1831年7月，地中海突然出现了一个岛屿。西西里亚王国将它命名为"尤里亚岛"，宣布对它拥有主权，可一个月后英国人登上该岛进行考察，之后宣布该岛为英国所有。两国关系顿时紧张起来，一场海岛争夺战一触即发。就在双方军队做好战斗准备之时，那个岛却突然消失不见了，一场战事只好作罢。

小学生发现新星

　　1975 年夏天的一个夜晚，一位小学生做完作业后到院子里玩耍。他发现当晚的天空与自己熟悉的天空有些不一样，有一颗从来没有见过的星星，在天鹅座中闪着青白色的光芒。他擦擦眼睛，端详了一阵，认为那是一颗新星。他兴奋极了，立刻向北京天文台发了一封加急电报，报告了这一消息。那天晚上，天文台收到了 9 名学生的报告，讲的都是这件事。天文台立刻组织观察测量，证实这一发现完全正确。

　　我国是记录新星最早和最详细的国家之一。因为新星突然出现，过了一段时间又消失不见了，好像来星空"做客"一般，古书上称它为"客星"。

　　根据理论估计，银河系中每年应该出现 50 ～ 100 颗新星，但在地球上，受观测条件的限制，一年中难得发现几颗新星。所谓新星，严格说来并不"新"，它们原来就存在，只不过很暗弱，人的眼睛看不到罢了。后来它们的亮度突然增加几万倍，就成为引人瞩目的新星了。

如果亮度增加几亿倍，这样的新星就被称为超新星。

超新星很亮，有的超新星出现时白天都可以被看到。

星星为什么会变得特别亮呢？据分析，那是恒星的一次大爆炸造成的。这种爆炸，除了温度突然升高放出大量的能量外，还向外抛出大量物质。

在过去的 2000 多年里，根据文献的记载，银河系里发生的超新星爆发有 7 次，比较知名的有 3 次。一次是我国 1054 年 7 月 4 日发现的，出现在金牛座，靠近天关星，史书上称其为"天关客星"。还有两颗是 1572 年和 1604 年由天文学家第谷和开普勒先后发现的，分别被称为"第谷超新星"和"开普勒超新星"。

天关客星出现在北宋年间，从出现到消失共 643 天。它一出现就以压倒群星的夺目光辉引起了人们的注意。对此，大家议论纷纷，有人说是好事，有人则摇头不语。北宋皇帝对此惊恐不已。新星的出现往往使人联想到改朝换代，所以皇帝看到它就有些紧张，万一有人利用这一天象号召造反可怎么得了？于是，他急忙下令让当时国家的最高天文机构——司天监严密监视，仔细观测并记录这颗星的一切变化，同时让全国各地的官员加强戒备。还好，这颗星终于暗淡了，国家政权也没有什么变化。

北宋皇帝没想到，他无意中给后人留下了一份宝贵的天文资料。对于一颗星，每天都有详尽记录，在世界

012

天文学史上也是少见的。他当然更不会想到，几百年后，天文学家在那颗星的位置上又发现了一个新的有趣的天体。

1731 年，有人看到，天关客星那里有一团弥漫的星云。星云的形状像一只螃蟹，就叫它"蟹状星云"吧！又过了 200 年，当人们再去看这个星云时，发现这只"螃蟹"大了不少。也就是说，星云在向外膨胀。

膨胀的速度有多快呢？计算的结果为 1000 多千米每秒，速度真是快得吓人！既然这个蟹状星云和天关客星在一个位置上，人们自然要问：它们之间有关系吗？

根据星云的膨胀速度推算，蟹状星云是 900 年前从它的中心扩散开来的，这刚好是天关客星爆发的位置。进一步研究表明，正是 1054 年那颗超新星的爆发，抛射出大量气体，形成了不断扩张的蟹状星云。

天外飞来的石头

郭沫若先生在《天上的街市》一诗中，称那一闪而过的流星是"有人提着灯笼在走"。当这个"灯笼"的重量超过5千克时，烧不完的部分就可能会坠落到地面上成为陨石。

天外的"飞石"自古有之。世界上最早记录陨石情况的国家是中国和埃及。《春秋》中有关于公元前645年5块陨石落于河南商丘城北的记载。不久，历史学家左丘明指出陨石是"落到地面上的天上的星星"。这一认识比欧洲人早了2000多年。有趣的是，直到18世纪末19世纪初，法国科学院的"权威学者"们还不承认"天外飞石"。1790年7月24日，一块陨石落到法国南部的

朱里亚克，当地老百姓用铁链把它锁在一个教堂门口的大圆柱上。当地的市长给法国科学院写了一封信，说他们已"捉到一块天外来石"，同时还附了一份有300多名目击证人签字的记录，请他们来鉴定研究。没想到这却遭到科学院怀疑派学者的严词拒绝，他们甚至嘲笑说："既然天上能掉下一块大石头，那么当然也能掉下5吨牛奶，说不定还会加上块味道极好的牛排呢！"

1803年4月26日，法国的列格尔城附近，一下子从天上掉下来3000多块陨石，下了一场不小的"陨石雨"。消息传到巴黎，科学院的怀疑派学者们仍然认为这是"无稽之谈"，不屑一顾。后来在政府的坚决要求下，他们才不得不派出了一位名叫毕奥的学者前往"出事地点"进行考察。考察结果是："天外飞石"绝不是某些人的异想天开或凭空捏造，而是千真万确的事实！毕奥还画出了12千米范围内的陨石雨分布图。这样一来，科学院的怀疑派学者们傻眼了。

天外飞石虽是难得一遇的罕见现象，但也有可能打中人，给人造成生命、财产的损失。1938年9月29日上午，一个美国家庭的一间汽车房被陨石击穿，汽车被砸烂了。1954年11月30日下午，美国一名妇女午睡未醒，陨石击穿屋顶，打到收音机上，又弹起击中了她的左腰，顿时鲜血直流。

　　海上的航船，在浩渺的大海中显得很渺小，但也有被陨石击中的可能。1647年，一块陨石击中一艘从日本开往意大利的轮船，导致2名水手丧生。1908年2月，美国的一艘货船，在离夏威夷岛900千米的海面上遇到了火流星，流星击折船杆，击碎船头后坠落海中。船员们急忙抛下救生艇逃命，有的船员不幸溺死于海中。1903年，一艘希腊货船在地中海上航行，一块大陨石从天上呼啸而来，转眼间把船砸成两段，船上人员莫名其妙地丧失了生命。

　　除了上述这些"祸从天降"的陨石，也有一些"带有幽默感"的陨石。有报道说，有一小块陨石竟落到一名日本女子的和服口袋里，据说她拿出来看时还有些烫手哩！

太阳上的黑点

1990 年 11 月 19 日早晨，四川富顺县的一位农民到村外去干活，看到一轮红日正从地平线上升起。他突然发现，太阳的红"脸"上有一些黑点。这些黑点有大有小，一群一群聚在一起，好像一个人的脸上溅上了泥巴点，有点难看。光辉的太阳上怎么会有黑点呢，看花眼了吧？他揉揉眼，仔细看去，那些黑点更清楚了。他弄不明白这是怎么一回事，决定给北京天文台写一封信，把看到的现象告诉他们。

这位农民看到的黑点就是"太阳黑子"。太阳黑子不是一种罕见的现象，它经常在太阳上出现，只

是因为平常太阳太亮了，我们用肉眼不大容易发现。

世界上最早发现太阳黑子的是中国人。《汉书》中有这样的记载："汉武帝河平元年三月乙未，日出黄，有黑气，大如钱，居日中央。"这段话把太阳黑子出现的时间、地点、形状、位置记载得明明白白，被全世界的天文学家公认为是最早的有关太阳黑子的记录。从那以后到明代，我国史书上有关太阳黑子的记载有200多条。

第一个用望远镜观察太阳黑子的人是著名的意大利科学家伽利略。他还画了一张太阳表面图，上面有两大群太阳黑子和一些零散的太阳黑子。

太阳黑子看似是太阳表面的暗斑，实则是剧烈的磁场活动区，其面积远超人类直觉。例如，伽利略观测记录中一个针尖大小的黑子，实际面积可达1.5亿平方千米，相当于地球表面积的3倍；而1947年4月8日出现的巨型黑子群，面积高达180亿平方千米，是地球表面积的30余倍！

当我们仔细观察太阳黑子时，会发现它的中央部分特别黑，周围部分淡一些。在这些淡一些的地方，有一条条纤维状的纹理，纤维有时弯曲起来形成旋涡，就像江水在转弯时形成的旋涡一样。

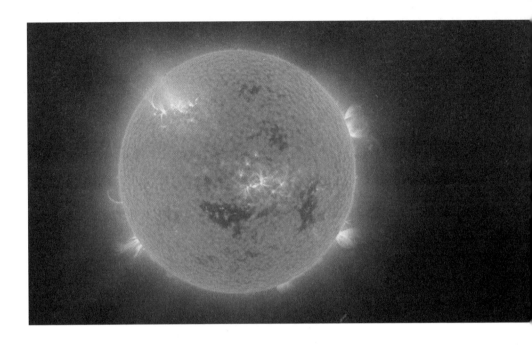

　　在太阳黑子特别黑的地方，有时会出现明亮的斑点，像是在漆黑的夜空中突然爆炸了一颗照明弹。半个小时左右，"照明弹"就会熄灭不见。观测结果还告诉我们，太阳黑子经常出没的地方是太阳的中间部位。在太阳的赤道上和两极地区很少发现太阳黑子。太阳黑子往往成群成对地出现，它们常常是先在高纬度的地方诞生，然后逐渐向低纬度的地方移动，最后在赤道附近消失。太阳黑子的寿命不一样长，短的只有几小时，长的有好几个月。太阳黑子的个头越大，寿命越长。

　　目前，关于太阳黑子的成因还没有明确的结论，比较一致的看法是，它是太阳表面一些不规则的温度较低的"洞"，它的出现与太阳上强大的磁场有密切的关系。

德国有一位叫施瓦布的药剂师，他是一个勤奋的天文爱好者。他用一台小型的望远镜坚持观测太阳黑子，并做了详细的记录。从1826年到1843年，他连续观测了17年。他发现，太阳黑子有的年份出现得多，有的年份出现得少，从这一个出现最多的年份到下一个出现最多的年份，中间相隔11年左右。换句话说，太阳黑子的活动周期是11年。

现在人们把11年作为一个"太阳活动周"或者叫"黑子活动周"，把太阳黑子数出现最多的年份称为"太阳活动峰年"，把太阳黑子数出现最少的年份称为"太阳宁静年"。人们发现，太阳黑子的活动情况，与地球的气候变化甚至地震都有密切的关系。

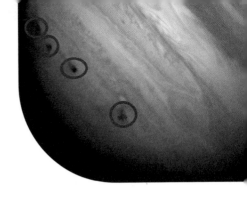

星星相撞的奇观

　　美国加利福尼亚州有一座山，名叫帕洛马山。山上有一座天文台，名叫帕洛马山天文台。1948年，帕洛马山天文台安装了当时世界上最大的反射式望远镜，为此名声大噪。

　　1993年3月23日，这里爆出了一则新闻。天文学家苏梅克夫妇和业余天文学家利维发现了一颗彗星，并命名为"苏梅克—利维9号"彗星。发现彗星本身不算什么大事，可这颗彗星太特别了，它的彗核分裂成了20多块碎片，这些碎片排成了长达16万千米的长串。它们一个跟着一个，就像一列长长的火车，沿着椭圆形的轨道奔跑。

　　更令人吃惊的是，天文学家计算了它们的轨道后发现，其轨道和木星的轨道有一个交点，而且再过16个月它和木星将同时到达交点。也就是说，它们要撞到一起。

　　"彗星列车"要和木星相撞的消息一经传出，立刻

轰动了全世界。

　　两颗星星在天空中相撞，并且事先作出了预报，这在人类历史上是破天荒的。历史资料上从来没有过关于彗星和行星相撞的记载。如果这一消息属实，我们这一代人将有幸目睹这一亘古未有的宇宙景观。

　　全世界的天文工作者在兴奋之余立刻行动起来，纷纷制订观测计划，把最好的仪器设备拿了出来，对准了即将在太空亲密接触的这两颗不平凡的星星。正在几百千米高空执行观测任务的著名的"哈勃"空间望远镜，接到地面发来的指令后，也立即将它那直径 2.4 米的"超级镜筒"缓缓转向木星。

　　正在飞向木星的"伽利略号"宇宙飞船更是当仁不让。在所有的观测器中，它处于最有利的观测位置，对这一宇宙奇观它应该看得最清楚。可令人焦急的是，它的折叠式天线出了故障，地面指挥人员一再发出指令，天线就是打不开，这样下去，势必影响观测结果向地面的传递。

　　经过几个月的观测研究，情况越来越清楚了。这颗彗星本来是一颗完整的彗星，1992 年 7 月它曾经接近过一次木星。那一次离木星表面只有大约 4 万千米的距离。用句天文学的术语来说，这距离超过了"洛希极限"。由于木星引力的潮汐作用，这颗彗星被拉成了"列车式"的一串碎片。

由于木星的体积和质量巨大，这次"碰撞"不可能造成木星整体的破裂。但对彗星来说，却是很悲壮的，它将轰轰烈烈地结束自己的一生。

北京时间1994年7月17日4时15分，在全世界的密切注视下，"苏梅克—利维9号"彗星的第一块碎片，以60千米每秒的速度，对着木星大红斑的东南方向撞了过去。

这块碎片不算太大，直径小于1千米，从大小来看，就像是一颗小葡萄打到巨人身上，但引起的反响却十分强烈。

在撞击点上立刻出现了一个高达1000千米、直径为

1900 千米的大火球，温度达到 30000℃以上。这温度相当于太阳表面温度的 5 倍。这一强烈的闪光照到木星的卫星上，使它们的亮度顿时增加了不少。撞击过后，木星表面形成了一个直径为 1900 千米的黑斑，在木星大气上层形成的黑色窟窿，直径为 10000 千米，十分壮观。

专家们估计了撞击的能量，最小也相当于 2000 亿吨 TNT 炸药。也就是说，相当于在那里爆炸了 1000 万枚原子弹。试想，如果木星上有人的话，将会产生何等可怕的后果！

这一撞击过后，其他碎片便接踵而至。天文学家用英文字母给这些碎片进行编号，分别是 A、B、C、D、E、F……

其中最大的一块是碎片 G。碎片 G 的直径约为 3.5 千米，它于 7 月 18 日 15 时 30 分向木星撞去。这一撞非同小可，产生的烈焰一下子升到 1600 千米的高度，放出的能量相当于 3 亿颗原子弹同时爆炸，产生的黑斑面积和地球的横切面的面积差不多大。异常强烈的爆炸产生的红外辐射太强了，地球上所有的红外望远镜都无法忍受，人们不得不把大部分镜面遮挡起来。

全部撞击过程持续了 5 天半的时间，放出的总能量相当于 20 亿颗原子弹爆炸释放出的能量，也就是说，平均每秒钟在木星上要爆炸 4200 颗原子弹！

　　天文工作者在这段时间里特别忙碌，他们的主要工作就是抓紧时间观测和记录。"机不可失，时不再来。"这场奇观的资料多得不得了，仅是我国紫金山天文台拍的照片就有好几百万张。有人估计，全世界收集的资料需要10年时间来分析整理。

　　初步研究结果已经令人眼花缭乱了。

　　日本的一个研究小组发现，在碰撞前两天多，木星发出了强大的电磁辐射。这是怎么回事？难道这是木星对彗星发出的警告，或者像人一样，看到危险来临要大叫一声？

　　还有，那黑斑是什么东西呢？有人说是暗影，有人说是黑碳或硫黄。对此，人们议论纷纷，一时也无法做出肯定的判断。但有一点是肯定的，这爆炸就像一根探针，把木星内部的情况部分地揭示了出来，给人类提供了一个研究木星的良好机会。

暗物质之谜

"悟空"号

2015 年 12 月 17 日，中国在酒泉发射了一颗卫星，名字叫"悟空"。为什么叫"悟空"呢？因为孙悟空有"火眼金睛"，科学家们希望它能寻找一样东西。

什么东西呢？那就是暗物质。消息传出，一时间，大家议论纷纷：暗物质是什么呢？

科学家们认为，暗物质很可能是一种比电子和光子还要小的物质，它不带电荷，不与电子发生干扰，能够穿越电磁波和引力场，是宇宙的重要组成部分。

现代天文学研究表明：宇宙可能由约 70% 的暗能量、约 5% 的可见物质、约 25% 的暗物质组成。换句话说，我们能够看到的宇宙不到整个宇宙的 5%，95% 是我们看不到的暗能量和暗物质。

对于暗物质和暗能量，我们基本上一无所知。

说到这儿，大家可能有些懊丧，人类不是很伟大吗？科学不是很伟大吗？为什么对自然界的认识还这么有限？

是的，在更加伟大的自然界面前，人类是很渺小的。

随着自然界的奥秘一个个被人类揭开，更多的奥秘又出现在我们面前，永远没有终点。同时，人类的探索也不会有终点。

最早预言暗物质存在的，是著名科学家爱因斯坦。

1915 年，爱因斯坦根据他的相对论推论宇宙的形状取决于宇宙质量的多少。他认为，宇宙如果是有限封闭的，宇宙中物质的平均密度必须达到一定的数量。这相当于在一个会议室大小的空间里，有 100 个氢原子的质量。但是，迄今可观测到的宇宙的密度，却比这个值的 1/100 还小。为什么会这样？爱因斯坦认为，一定有大量的我们看不见的暗物质存在。

1932 年，美国加州工学院的瑞士天文学家弗里兹·扎维奇最早提出观测证据，推断暗物质确实存在。

弗里兹·扎维奇在观测螺旋星系旋转速度时发现一个奇怪的现象。根据牛顿力学，星系外侧星球的旋转速度应该比内侧的慢才对，但观测表明两者的旋转速度竟然基本一致。扎维奇认为必有数量庞大的、不可见的质量参与了星系的外侧组成，增大了星系外侧的引力，从而增大了它的旋转速度。

后来，又有很多天文学家观测到，来自遥远星球的光线在途中会发生偏转，出现一种所谓"引力透镜"的现象。根据爱因斯坦的理论，只有附近有巨大的质量存在时才会如此。但是，即使用最先进的天文望远镜也看不到它们，于是，人们越发相信宇宙间一定存在暗物质。

对此，还有一些似是而非的证据。据报道，有航天员说飞船在宇宙飞行时，有时候会莫名其妙突然加速一下或减速一下。他们猜测，这很可能也是暗物质在作怪。但是，这些说法都没有科学的证据或解释。

暗物质问题已经引起了科学家们的极大关注。

科学家们把暗物质问题比作"笼罩在21世纪物理学天空中的乌云"。与百年之前相对论和量子力学即将诞生时的状况类似，现在人类对物质世界的认识又一次处在了十字路口上。在美国、欧洲、中国，以及日本的科学家们列出的21世纪的科学前沿问题中，暗物质问题都排在第一位。

如何才能找到暗物质呢？

目前科学家们想到的方法有三种：创造法、入地法、上天法。

所谓创造法，就是模拟宇宙大爆炸，让高能基本粒子进行猛烈碰撞，看看能否从中找到暗物质。从理论上分析，在宇宙大爆炸的早期应该存在大量暗物质。不过，创造法需要能量极高的强子对撞机，地球上唯一可用的就是欧洲核子中心的大型强子对撞机LHC。但因为难度

大，至今尚未运用，这种方法的可行性还在论证之中。

所谓入地法，又称直接探测法。这种方法探测的是暗物质粒子和普通原子核碰撞所产生的信号。由于发生碰撞的概率很小，产生的信号也很微弱，为降低干扰，需要把探测器放置在很深的地下。美国、日本、欧洲等国家和地区都有这样的地下实验室，我国也已在四川锦屏山建成了地下暗物质实验室。锦屏山实验室使用的探测材料是锗和氙，首先要把这些材料冷却到绝对零度附近，让它们的热运动基本停止。这时，如果有暗物质粒子撞击它们，就会产生一个可以探测的信号。

锦屏山实验室，其垂直岩石覆盖达 2400 米，是目前世界上岩石覆盖最深的地下实验室。在川藏高山的下面，宇宙射线的强度仅为座落在格兰萨索山区的欧洲地下实验室的1/200，为实验提供了"干净"的环境。目前实验进展顺利，已经取得了一些初步数据。

所谓上天法，又称间接探测法。

如果暗物质和暗物质相互作用，有可能产生新的可见粒子。通过探测这些粒子，可以反推暗物质的存在。因为地面上有太多的干扰，这种探测最好在太空进行。著名科学家丁肇中领导的"阿尔法磁谱仪"（AMS）和中国暗物质粒子探测卫星"悟空"号，运用的都属于此种方法。

国际空间站搭载的AMS，研发历时近18年，已耗资21亿美元，到探测计划完成预计将耗资1000亿美元，这是20世纪末和21世纪初世界上规模最大的科学计划之一。

AMS以探测外层空间反物质与暗物质为目的，有16个国家和地区的600余名科学家参加，实验过程可能持续15～20年。2011年随航天飞机上天，2014年发布首批结果，探测到40万个正电子，但不能最后确定它们来源于暗物质，因为正电子的产生并非暗物质独有的"专利"。

目前，AMS已经收集了超过2300亿条宇宙线，产生了一系列最新的实验成果，这些成果颠覆了现有的宇宙线理论模型，也预示着人类对宇宙本质的理解进入全新篇章。

　　"悟空"号是中国自主研发的科学探测卫星，观测能段是国际空间站 AMS 的 10 倍，能量分辨率比国际同类探测器高 3 倍以上，成本是它们的 1/20，约 1 亿美元。不过，它现在还不能区分正电子等反粒子。

　　总之，对暗物质的探测正在紧锣密鼓地进行中，人们也在满怀信心地期待着。希望不久的将来，这一块"笼罩在 21 世纪物理学天空中的乌云"能够云消雾散，使人类对自然界的认识迈进一个新的阶段。

天空能燃烧吗

俄罗斯的一位作家，曾经写下了这样一个故事。

1242 年，俄国亚历山大·涅夫斯基的士兵和条顿国的士兵，在冰冻的楚德湖湖面上酣战。就在战斗最激烈之际，阴沉沉的北面天空突然明亮起来，好像在遥远的地平线下面燃起了一支巨大的火炬，火焰随风摇动着。

接着，天空中亮起了一道长长的绿光，转瞬又消失了，但紧接着又出现了一道明亮的绿色长虹，越来越亮，越来越高……突然，空中出现一道淡红、浅绿和血青三色相交的光束，飞速向下，直插地面，把楚德湖湖面照得通亮。俄国士兵看到这些壮观的亮光，认为是"天兵助战"，顿时勇气大增，个个奋勇向前，杀得敌人狼狈溃逃。

7个世纪之后，人们再分析这段记载时，认为这突如其来的绿光和其他亮光，很可能就是现代所说的"极光"。

极光经常出现在靠近地球两极的地区，是一种并不罕见的自然现象，住在那里的人们对它已经司空见惯。极光的绚丽和壮观给人留下了美好的印象，让人心旷神怡、浮想联翩，并不像那位俄罗斯作家写得那么触目惊心。

现代的北极考察队员——乌沙科夫曾对极光这样描述："……天空像是在燃烧，整个天空像是蒙上了一层无涯的透明的轻纱，好像被一种无形的力量抖动着，闪耀着柔和的、淡紫色的亮光。霎时，天空中有几个地方闪起刺眼的白光，光芒四射，像用灿烂生辉的银丝密密编织的云朵一样。另外几个地方现出几朵淡紫色的彩云。几秒钟后，光亮消失了，又有几个地方出现几道长长的亮光，汇成一道光束，放射出淡绿色的抖动着的光芒。长长的光芒突然像闪电一样，离开了原来的地方，射到高空顶处停下来，形成一个华光四射的光轮，抖动着，

慢慢熄灭了。"

关于极光出现的原因，有几种不同的看法。总的看法是，它的出现与太阳密切相关。例如，太阳除了给我们光和热，也发射出一些带电的粒子流，尤其在太阳黑子出现较多的时候，这种粒子流愈加强烈。粒子流进入地球范围后，受地磁力的影响，向两极地区偏转，并和高空稀薄的气体分子或原子相碰撞，使气体分子电离，电离的气体就发出光来。

使用最新的技术手段，如地球物理参数探测火箭和人造地球卫星，可对极光的产生机理做进一步深入的研究。有证据表明，极光是太阳辐射的紫外线同高空中处于原子状态的空气相互作用的结果。

不管其形成的机理如何，有一点是确凿无疑的：太阳是这一幕"燃烧的天空"精彩表演的"总导演"。当一颗大的太阳黑子经过太阳正中时，也就是太阳活动激烈的时候，必定会有绚丽的极光出现在地球极地的上空。

会"说话"的石头

　　大约 4000 年前，埃及法老阿蒙霍特普三世命令匠人雕刻了两座巨大的雕像，以纪念他去世的父亲阿蒙。这两座雕像矗立了 2000 年，后来发生地震，有一座雕像被震成了两半。从此，怪事便出现了：每天清晨，只要太阳的曙光照射在断裂的雕像上，雕像就会发出一阵长鸣，这鸣声拖得很长，像是一个人的痛苦呻吟；等到太阳升高了，这呻吟声也就消失了。这怪事不仅使当地人又惊又怕，连希腊、罗马等国的人都闻讯前来观看，并惊叹不已。

　　一位名叫阿里的罗马人，在雕像的脚下刻上了几句话，以表达他的崇拜之情。那几句话的大意是："至高无上的上帝啊，我看到了您的奇能！这是天上发出的声音，是借雕像还魂的神的声音！"有一次，罗马统帅谢甫基米依·谢维尔茨来了。听完这"神的声音"后他想，也许是"神"对长期不修复雕像不满意吧，否则怎么会呻吟不止？于是，他命令匠人把雕像上的裂缝修好。裂缝修好后，雕像就不再呻吟了。

从科学的角度看，石头"说话"并不神秘。法国学者古姆波尔特在印第安人部落里住过很长时间。他在所谓"灵魂安息"的山岩上，发现石头有许多细而深的裂缝，裂缝处还有不少云母片，当有气流吹过这些裂缝时，云母片振动就会发出声音。

这气流是怎么来的呢？一个合理的解释是：白天，石头被晒热了，夜里，空气变得凉爽，石头缝里的热空气就会钻出来形成气流。人们还发现，多孔的石头夜间也能发声，空气在细孔中的流动就像"吹箫"一样，发出细而悠长的声音。

在中亚地区的沙漠中，有许多石化了的树干，它们是1亿年前的大树演变而成的。旅行家们发现，当沙漠凉爽并有微风吹过时，这些石化了的树干便会发出悦耳的声响，像有人在唱歌一般。这种发声机理和上述情况不同，它是风穿过石化的树干时形成涡流，涡流使"树干"振动并发出声音。

现在让我们回到"雕像说话"的故事上。显然，地震造成的裂缝就是雕像说话的"声带"，这道理和印第安人山岩的呻吟是一样的。每天清晨，当温度合适，裂缝的宽度达到气流可使之发声的程度时，它就会发出声音；当裂缝被修复，石头没有了"声带"，当然就永远沉默了。因此，石头"说话""唱歌"、雕像"发声"等现象与神灵之类风马牛不相及。

037

神秘的火花

　　1695 年，一艘美国帆船在地中海航行时，在巴利阿里群岛附近遇到了雷雨。为了安全，船长下令落帆。忽然，水手们发现，全船的桅杆和其他突出的地方有 30 多处冒起火来。这火很奇怪，只有闪闪的火苗偶尔发出"咝咝"声响，却没有烧焦的气味和烟雾。船长命令一个水手爬上桅杆把正冒着火的风向标摘下来。水手勇敢地爬上去，刚摘下风向标，那上面的火苗却一下子蹿到桅尖上去了。水手吓了一跳，差点从桅杆上摔下来。

　　这是最早的关于航船桅尖出现火花的记载，后来的记载就更精彩了。1902 年，"莫拉维亚"号轮船在大西洋的佛得角群岛附近停泊，也发现了桅尖火花。船长西门松在航海日记中写道："海面上的雷雨闪电持续了整整 1 个小时。这时，船上的钢缆绳、桅尖、横桁两端、起重吊杆……全都点上了'火炬'，闪闪发亮，颇为壮观，好像每隔 1 米就悬挂着一盏明灯。桅杆和横桁两端在燃烧，发出耀眼的火花。同时，还伴随着奇特的响声，好像无

数的蝉儿在鸣叫，又像枯枝干草燃烧时发出的'噼啪'声。"

在西方，桅尖火花被称为"艾尔姆火花"。随着科学的发展，这一现象得到了正确的解释。这实际上是静电在作怪，并不神秘。

电荷有正负两种，同性电荷互相排斥，异性电荷互相吸引。当我们在干燥的房间里抚摸小猫时，它的身上不也会出现火花吗？那就是摩擦后产生的两种电荷相互吸引的结果。当发生雷雨或暴风、雪崩等异常天气时，空气中和地球表面也都会聚集大量的电荷。一般来说，空气中带正电荷，地球表面带负电荷。如剧烈放电，就会产生电闪雷鸣；如缓慢放电，就会出现火花。放电往往发生在物体尖端。这就是为什么在建筑物顶端、高塔、

树木和船桅等突出部分上常常出现火花的原因。

不过，有时候火花也会出现在水面上。1957年12月，在俄罗斯别列斯拉夫尔城附近的湖上，几个渔夫正在钓鱼。这天刚下了雪，气温降到接近0摄氏度。有一个渔夫提起钓竿时，一个火花从水面跳到钓竿尖上，其他几位渔夫见状也把钓竿提起来，结果发现每根钓竿的尖端都有一朵淡蓝色的小火花在一闪一闪地，摇曳不定。他们想仔细看看，便慢慢收回钓竿。就在他们伸出手去摸那火花时，它却倏然消失了。

神秘的火花当然不是大海的"特产"。著名作家高尔基在一篇名叫《伊则吉尔老婆子》的小说中描写了草原上的"艾尔姆火花"。他写道："大海上升起一团乌云，黑黝黝、阴沉沉，有棱有角，像一座山脉一样。乌云渐渐散开，弥漫到草原上……月亮像一个乌蒙蒙的蛋白色的圆，不时地被乌云遮没。草原上突然点起了许多蓝色火花。火花流动着，时而出现，时而熄灭，好像有一些人在擦亮火柴，寻找什么。这种神话般的蓝色火花真是太奇妙了。"

静电引起的火花有时会带来可怕的灾难。曾经发生过油船在加油时，静电火花引发火灾乃至大爆炸的悲剧。美国的"阿波罗"号登月飞船在一次地面模拟演练时，线路间打了一个小火花，密封舱着火燃烧，几位航天员不幸全部遇难。

奇怪的"黑色漏斗"

　　1974 年 4 月 3 日 15 时 55 分，美国路易维尔市的电台发布了一条"托那陀暴风"的消息。美国人所说的"托那陀暴风"就是龙卷风。此时，它正从海面上向布兰登堡袭来。16 时 10 分，人们发现一朵黑色漏斗状的乌云临近了，并发出雷鸣般的声响。接着，一场可怕的"浩劫"开始了，差不多半个城市的房顶被龙卷风掀走，人、家具、汽车等被吸到了天上，河流的水被吸干，露出河底。龙卷风黑色的漏斗像巨大的吸尘器，所到之处一切荡然无存。

　　这次龙卷风卷走了 329 人，受伤者达 4000 多人，20000 多户家庭遭受不同程度的损失，损失总额约为 7 亿美元。这场风灾造成的损失不亚于一场局部战争。有人这样描述他目睹的情景："我发现在高于 15 英尺的高度上有三个黑色漏斗，呼呼吼叫，像一个巨大的咖啡豆绞磨机。最大的漏斗把停放在不远处的一辆拖车捣毁成碎片。我躲在家里的小储藏室里，感到时刻都有死亡的危险。

暴风在头上怒吼，房屋像在呼吸一样一起一伏，储藏室的墙壁时而向内、时而向外地摇晃着……"

龙卷风是猛烈而残酷的，也是古怪的。它有时候能把碗橱从一个地方刮到另一个地方，却没有打碎里面的一只碗！被它吓呆的人常常被抬上天空，甚至被大风剥去衣服；鸡、鸭也都会在一刹那间被拔光了毛，但常常又被平平安安送回地面。它能把屋顶揭起来，刮到几百米以外，却未损害屋里的物品。龙卷风还有一个特点是"定向性"。有一次，龙卷风把一棵粗壮的百年古松拧成了麻花状，但近旁的易脆折的小杨树却丝毫无损。

龙卷风是怎样形成的呢？

龙卷风通常形成于大雷雨云之中，不同温度、不同方向的气流相互撞击后，气流的不稳定性形成漩涡，发展成龙卷风。具体地说，大气形成暴雨云时，温暖而湿润的空气气流朝上急速移动，附近的较冷气流急速下降，

会形成漩涡。湿润气流呈螺旋状向上飞速移动，产生了巨大的旋风。

由于离心力的作用，旋风内部会形成气体稀薄的空间，温度下降，水蒸气冷凝成云雾，这就是为什么龙卷风像一个"黑色"漏斗的原因。离心力产生的负压力使龙卷风所到之处产生一种巨大的吸引力，这就是为什么屋顶总是被向上掀掉，玻璃窗总是向外脱落，鸡、鸭的毛和人的衣服会被剥掉，以及所有能移动的物体都飞上天。

龙卷风的风速有多大，科学家们还没有用仪器直接测量过。根据受破坏的情况来推算，猛烈旋转的龙卷风，风速可能超过100米/秒，最强烈的龙卷风可达250米/秒。我们知道，一般风的风速最高也不过 50 ～ 60 米/秒。这一比较，就可知龙卷风的威力"非同小可"了。

白天变成了黑夜

本来是骄阳当空的白天，突然变成漆黑一团的黑夜，而这并不是发生了日食，你知道是怎么回事吗？

《圣经》的《出埃及记》一章中，讲述了这样一件事："三天之久，人不能相见，谁也不敢起来离开原处，周围伸手不见五指。"你如果认为这是不足为信的神话那就错了，即使在今天这也是完全可能发生的景象。

1997年10月，新华社消息说，石家庄由于烟雾弥漫，有多次航班的飞机因看不见跑道而不能降落，不得不转向他处。据报道，烟雾是农民焚烧麦秸草、玉米秆和其他植物秸秆造成的。在此不久前，印度尼西亚的森林大火造成的烟雾也使多个航班不得不取消。

这些是人为的"黑昼"。

自然界本身也会产生类似的现象。1901年，撒哈拉沙漠刮起了强烈的沙漠暴风，突尼斯被笼罩在沙漠暴风造成的黑暗中，白天在屋里也必须开灯才能看清东西。

　　1962 年 11 月，阿拉伯沙漠也刮起了沙漠暴风，黑暗使开罗机场关闭了几天几夜，苏伊士运河也被迫停止通航。

　　地球上的许多区域都发生过由于大量灰尘存在引起的"黑风暴"。风化的岩石变成沙，风把细小的沙卷上天空，从对流层上面，以极快的速度刮向高纬度的地区，然后降落下来。如果地表没有森林且又被开垦了，而被开垦的土地又没有种上庄稼，这种"黑风暴"就会常常发生，当然不可能每一次都使天空"漆黑一团"。

　　1892 年，俄罗斯南方发生的"黑风暴"让人记忆深

刻。那年春天，一连几天的风暴以猛烈的势头在草原上翻滚着，刮走了大量沙土和灰尘，在天际混合成一幅不透光的黑幕；禾苗被风刮走了，从根部以上拔起、折断。那几天，人们分不清是白天还是黑夜……事后科技工作者测量表明，风暴刮走了地表下深为 30 ～ 40 厘米的土壤。你想，这么多的土壤进入高空，怎能不遮住阳光？

值得警惕的是，随着大片土地被开垦，"黑昼"现象有增无减。1979 年，联合国环境规划署的报告说，卫星无法看到我国东北的本溪市，因为城市上空常年有一团烟雾。即使烟雾达不到"黑夜"的程度，对人的健康也是有害的。除了烟雾本身的毒害，烟雾还会遮住太阳的紫外线，而缺乏紫外线的阳光无法使人体生成维生素 D，从而带来一系列疾病。

生态一旦被破坏是很难恢复的。在观察火星和金星时，我们发现在这些星球上发生的尘暴极为可怕，有时一刮就长达半年之久。但愿我们的地球不会出现如此恶劣的气候，这就要求我们要爱护地球的植被，保护好森林和大气层。

雪山下的"白色坟墓"

　　欧洲的著名雪山——阿尔卑斯山曾被人称为"白色坟墓"。这个终年积雪的大山，经常发生雪崩，每次雪崩都可能造成严重的人员和财产损失。第一次世界大战期间，奥意联军屯兵雪山隘口，强大的雪崩将10000人埋葬在这片"白色坟墓"里，从而震惊了全世界。

　　1962年，南美洲的山国秘鲁的瓦斯卡兰山发生了雪崩，冲下来的"雪浪"几秒钟就毁灭了山下的8个大村镇。有人估计，这次雪崩，从山上滚下来的雪，总重量超过了3000万吨。

　　雪崩是怎么回事？它是怎样发生的呢？

　　当雪纷纷扬扬落下来时，开始是一片一片的，然而大量的雪花挤压在一起，就会变成比较密实的整体，变成重几百或上千吨的雪层。雪层和地面之间的接触如果很紧密，摩擦力很大，雪层不会脱离地面。然而，由于大地披上"雪棉袄"的关系，地面的温度比较"温暖"，

048

雪会融化，这样一来，坚实的雪层就随时有可能往下掉落。另外，不同时间降落的雪，可形成不同的层次，这些层次之间的联系也不是很紧密，它们之间的平衡随时会遭到破坏而造成雪崩。

雪崩所产生的危害，有些并不是由急速下冲的"雪浪"直接造成的，在"雪浪"到达之前还有"气浪"，也就是通常所说的"冲击波"，它造成的危害可能更严重、更危险。"气浪"能够推倒房屋、毁坏树木，震伤和窒息生灵。

有一次，阿尔卑斯山发生雪崩，"雪浪"在离一座宾馆5米的地方停住了，但"气浪"却使这座宾馆变成一片废墟。一些脸朝着"气浪"冲来方向坐着的人，在宾馆倒塌前就死了，他们显然是被"气浪"冲击，窒息而死的。还有一次雪崩，产生的"气浪"把一个40吨重的列车车厢抛到离车站100米远的地方，被"气浪"掀飞的车厢撞坏了车站的墙。

人们对付雪崩的办法是用大炮轰击雪层，让那些不稳固的雪层早一点"雪崩"。当你在山间工作或旅行时，偶尔遇到雪崩怎么脱险呢？有人想出了个有趣的主意：

随身带一个气球和一个特殊的氢气打气筒，一旦看到了雪崩，赶紧给气球充气，抓住气球浮到空中，待雪崩结束后再放气落回地面。方法是有了，但还未有实际使用的报道。

用炮击法预防雪崩，虽然不失为一个较好的办法，但有时也会造成悲剧。1951年，瑞士一位军官在阿尔卑斯山指挥炮击雪层，一切就绪，但还未开炮时，雪崩突然提前开始了。随着一阵吓人的轰鸣声，"雪浪"向军官和他的助手冲来，他们大惊失色，急忙逃避，但已来不及了。他们一队3人被雪埋在离一所学校不远的地方，等救援者把他们挖出来时，有2人已经死去。

能"吃肉"的植物

人们一般的看法是，肉食动物吃草食动物，草食动物吃植物，而植物呢，"吃"二氧化碳、水和盐。然而，也有反常的情况，植物有时也能"吃肉"。

狸藻是一年生的草本植物，除了秋季开花时，其他时间全身都沉没在水中。这种植物的叶子基部有一些几毫米长的小囊，这些小囊就是它的"嘴"。当小虫子来到小囊附近时，只要触动了小囊开口周围的绒毛，那小

囊便猛地膨胀，将小虫吸进去，然后开口关闭，小虫便被"吞掉"了，这一过程只有 1/35 秒。

还有更迅速的，美国北卡罗来纳州有一种捕蝇草，它的叶子演变成两瓣"硬颚"，边缘上长着许多长而硬的刚毛，类似于捕狼的夹子。当苍蝇落在这"夹子"上时，触动了"夹子"里的毛，"夹子"便立即合拢，将苍蝇夹住。此动作仅仅用时 1/100 秒！

仅仅靠捕捉路过的昆虫，对食肉植物来说是远远不够的，它们还有一套诱捕的招数。法国的茅膏菜，叶子上长着许多红色长毛，每根长毛顶上有一滴亮晶晶的小液滴，看上去晶莹可爱，另外它还带一点香气。贪吃花蜜的飞虫来了，刚一落下立即就发现不妙，原来那小液滴是极黏的分泌物，飞虫立刻被黏住了，这时想飞走已经来不及了。那些红色长毛像章鱼的足腕，一点点弯向飞虫，最终把飞虫裹进叶子里。

也许你会迷惑不解，植物没有胃肠，没有消化系统，它们捉住了昆虫如何处理？它们吃下的"肉"消化得了吗？

各种"食肉"植物，捕捉食物的方法千差万别，但消化食物的方法却几乎没有差别。昆虫一旦被捉住，叶

片的表面便会出现"小水洼"。这些"小水洼"里有植物的"消化细胞"分泌出的蛋白酶和磷酸酶、酯酶等，昆虫淹没在这种消化液中便被逐渐分解了。蛋白质可被分解成氨基酸，氨基酸沿着叶子的导管到达木质部，然后经叶柄到达根部，植物的营养被储存了起来。由此可见，植物叶片上的"小水洼"就起着动物胃的作用，所以生物学家达尔文称这种"小水洼"为"暂时胃"。

有的时候，植物的猎获物太大了，也会给植物带来灾难。有人在温室里观察到这样一个现象。一棵茅膏菜捕到了一只大苍蝇，可是虫体太大了，"小水洼"中的液体不能将其全部浸没，于是液体不断分泌出来，甚至流到了叶子的外边。最后的结果是，大苍蝇没有被消化，植物的叶子反倒开始腐烂了，导致了植物的死亡。用句我们人类的俗语，这植物显然得了"消化不良"症，因吃得太多而被"撑死"了。

食肉植物在许多方面和动物有相似之处。换句话说，动植物之间并没有一道绝对的互相隔绝的鸿沟。

蝴蝶翅翼上的字

蝴蝶在昆虫界受人喜爱，大半因为它有美丽的翅翼和婀娜的飞行姿势。蝴蝶中最美的要算是凤蝶了，它们的色彩最为艳丽。有一种凤蝶腹部特长，体态纤柔，飞起来大有仙女轻舞之态。

蝴蝶翅翼上的花纹究竟有多少种，怕是难以胜数。全世界的蝴蝶有14000多种，中国的蝴蝶约有1300种，每一种蝴蝶的花纹还有很多差异。美国一位名叫桑维德的摄影师有一次在博物馆偶然发现，一只来自中国的蝴蝶的双翅背面有一个由绚丽的纹饰组成的"1"字。

这一发现引起了他的好奇心，既然有"1"，会不会

有"2""3""4"呢？桑维德经过15年的留心寻找和搜集，终于找到了翅上分别有从"0"到"9"的阿拉伯数字的蝴蝶，不仅如此，他还找到了翅上分别有从"A"到"Z"的全套英文字母花纹的蝴蝶。这使他既兴奋又感慨万分：自然界造化之巧妙，太令人惊叹了！

蝴蝶看上去纤弱无力，似乎弱不禁风，但却是飞行能手，其飞行距离可达数千千米。加拿大动物学家A.厄克特用一种特殊标记，贴在数百只斑蝶的薄翼上，然后在加拿大放飞它们，几个月后，在墨西哥高达2000米的马德雷山上发现了它们。也就是说，它们越过了加拿大和美国，行程达5000千米。非洲的一种粉蝶，每年春天集群北飞，做马拉松式的长途旅行，4月到地中海，5月

到冰岛，6月有一部分要飞到北极地区。

科学家们对蝴蝶的飞行进行了一番研究，发现它们在飞行中，有1/3的时间翅膀不是张开而是贴在一起的。这种姿态显然不会产生升力，可为什么蝴蝶不会掉下来呢？并且，根据飞行路程和时间计算，其飞行速度可达50千米每小时，相当快，这又是为什么呢？

俄罗斯生物学家认为，蝴蝶的翅翼在飞行中采用一种喷气原理，所以飞得快而好。在一定的飞行瞬间，蝴蝶的前翅形成"空气收集器"，一对后翅则形成喷气通道，当前翅充满空气并涌向后翅时，后翅开始收缩，将空气迅速挤推出去，形成"喷气流"。换句话说，小小蝴蝶用它纤弱的翅翼，简单地张合几下，就变成了一架"喷气式飞机"。正是这种喷气原理，使蝴蝶能在空中随心所欲地"轻舞"或"远征"，保持一定的高度和必要的速度。

蝴蝶在长途飞行时如果遇到轮船，它们会纷纷降落到船上休息，这有可能造成灾难性后果。1914年，一艘德国轮船在波斯湾就遇到了这种情况。成千上万只蝴蝶层层叠叠向船上压来，船员们招架不迭，眼睛都无法睁开，舵手无法掌舵，船员无法开船，结果导致船触礁沉没了。谁能想到，美丽的蝴蝶竟然能"击毁"一艘轮船！

海豚会思考吗

  1871 年的夏天，新西兰附近的海面上大雾弥漫。一艘远洋轮船不小心驶入暗礁密布的浅海地区，船长绝望地叫道："天哪，这下可完了！"就在这时，前面不太远的海面上出现了一个黑点，仔细看时，却是一只海豚。

海豚游一会儿，停一会儿，还抬头向船张望，似乎在向船上的人打招呼。船长命令跟着这只海豚前进，结果轮船绕过了暗礁，顺利到达了安全区域。据说，这只海豚担任"领航员"已达40年之久，许多轮船都得到过它的恩惠。

1966年，一位律师的妻子在苏伊士海湾游泳时不慎误入深水区，她挣扎到精疲力竭，眼看就要被大海吞没了，突然感到有人在推她。她当时昏昏沉沉，看不清是谁在推她。当她被推到岸上时，神志清醒了一些，回头看时，周围没有人，只有一只海豚在海里游来游去。一位目击者告诉她，刚才就是这只海豚将她推到岸上的。

海豚不仅能领航、救人，还能帮助人捕鱼。在非洲一些地方的土著居民会召唤海豚来辅助捕鱼。他们在向上天祷告之后，由一个手持木棒的男子率先下水，用木棒击水，发出有节奏的"啪啪"声。这时成群的海豚便应声而至，海豚在游来时把鱼群也赶了过来。惊恐万状的鱼儿在海豚的驱赶下纷纷跃出海面，又跌入渔民设好的网中。在这场捕鱼活动中，人和海豚配合得十分默契。在获得丰收后，人们总是不忘扔一些鱼给海豚吃。

上面的几个故事说明，海豚的行为似乎是有意识的，就是说，海豚有可能会进行思考并且有判断是非的能力。美国生理学家约翰·李利认为，海豚具有可和人相比拟

的思维能力和语言，如果人类能与海豚交际得好，科学事业将产生大的飞跃。这一观点提出后引起轰动。海豚真的能和人相提并论吗？

人和海豚脑重与体重的比值接近。另外，海豚在接受人类的训练时，似乎有很高的悟性，学习和模仿的本领很强，如跳圈、顶球，海豚都能够学会。另外，海豚还能发出多种多样的声音信号。

科学家们还观察到了这样一个有趣的现象。两只海豚分别被放入隔绝声音的两个水池中，它们慢慢游动起来。不多久，其中一只"吱吱"叫了一声，这声音通过设置在池壁上的电话传到了另一个水池的电话里，另一

只海豚立刻就有了反应，把头凑到电话旁"吱吱"叫了起来。就这样，你"吱吱"一阵，我"吱吱"一阵，两只海豚便谈了起来。"对话"一直进行了个把钟头。科学家们录下了它们的"谈话"，但遗憾的是无法翻译出来。

也有人认为，把海豚的智力提高到和人相比拟的程度，是过于"抬举"这种海兽了。他们举出许多例子，说明海豚实际上是很愚笨的。例如，在海洋馆里，它们经常由于吞食一些碎玻璃、瓶塞、玩具、破布之类的东西而丧命。海豚既然那么聪明，怎能连这些东西都分不清楚，只管往嘴里塞？当海豚被渔民驱赶时，它们不晓得掉头向大海深处游，傻乎乎地只知往前冲，有些甚至很容易地被赶到了岸上。从这些表现看，海豚不具有抽象思维能力，它们不能像人一样进行思考。那么，海豚救人和领航又如何解释呢？有人说，这些也许是一种动物的本能，是非理性的。目前，科学家们已进行了一些实验，作出了分析。然而，关于海豚之谜，人们还没有完全揭开其中的奥秘。

怀孕的"爸爸"

　　海马是一种形状奇特的鱼。它们立着游泳，姿势古怪。然而，更令人惊奇的是它们的生育方式。

　　在动物界，"怀孕"的重任一般由"妈妈"承担，可海马却反其道而行之，"怀孕"的任务由"爸爸"负责。雄海马腹部有一个育儿囊，雌海马把卵排在育儿囊里，卵在其中受精，受精卵在其中发育成海马"宝宝"。海马"宝宝"由"爸爸"一个个生下来后，便脱离"父"体独立生活。

　　在动物界中，雄性参与孵卵和育幼最多的要数鸟类和鱼类。约有1/3的鱼类雄性参与育儿工作。雌鱼把卵排放在水中后，雄鱼使其受精，并一直守护着受精卵，甚至把受精卵含到嘴里加以保护。但像海马这样，干脆连"怀孕"任务都承担起来的"爸爸"倒不多见。

　　雄性育儿现象有"必要性"的问题。如果雌性足以照顾后代，不需要雄性协助，那么雄性一般不参与。雌性哺乳动物的妊娠期和哺乳期都很长，雄性参与育儿活动的却很少见。但也有少数例外，如南美洲的狨。狨每胎生两只幼崽。幼崽生下不久，雄狨就把幼崽背起来，走到哪儿带到哪儿。发现好的采食场所，还把"孩他妈"也领去。幼崽断奶后，雄狨又千方百计采果子和昆虫给幼崽吃，可算是一位"模范爸爸"了。

有趣的是，以雌性育儿为主的动物，雌性在选择"配偶"时也会优先选择那种能"顾家护子"的雄性。鸟类就是如此。如果雄鸟比较强壮，有一块属于自己的领地，将来能给幼雏提供充分的饲料，雌鸟就很乐于接纳它；相反，对于那种"二流子"类型的雄鸟，雌鸟则往往不屑一顾。

雄性参与育儿的前提条件是能确认亲儿。有些动物实行的是"群婚"的"婚配制"，如猴类。在这种难以确定谁是"孩子他爸"的情况下，要雄猴对某一个幼崽加以特别呵护是不可能的。凡是雄性参与育儿"积极性"高的，都是"一夫一妻"制的。

复活6亿年前的生命

1963年的一天，德国南部的弗莱堡大学，有位名叫德姆布鲁威斯基的教授，他像魔术师一样，使6亿年前的细菌化石复活了。

德姆布鲁威斯基是一位研究矿泉水里细菌的科学家。当他发现从深层地下取来的矿泉水中有一些当地没有的细菌时，就想到像细菌这样的低等生物，即使变成了化石，说不定也能复活。于是，一个大胆而新奇的试验开始了。

他从加拿大、美国、巴基斯坦和德国等地搜集了一些含有细菌化石的岩石——白云石。为了消除地球上现有细菌的干扰，他进行了严格消毒，所有用具包括工作服和仪器都用紫外线照射了4天4夜。然后，他把要试验的白云石块凿开，将周围的岩石扔掉取出芯部，用燃烧器加热灭菌，再将岩石用化学试剂溶解掉，取出其中的细菌化石，放入预先配好的培养液中。

在显微镜下，这些细菌化石像一段段小棒，和现代的杆菌形态相似，但却一动不动。教授没有灰心，耐心等待着。有一天，他突然发现，那些"小棒"开始活动了。不久，那些"小棒"分离成两段。呵，它们开始分裂繁殖了！

6亿年前的细菌竟能复活，这简直是天方夜谭！科学界很多人不相信这一事实，并提出了一系列疑问，最大的疑问就是这"复活"的细菌会不会是消毒不彻底而混进培养皿的现代细菌。为了回应这些质疑，教授将白云石切成能透光的薄片，放到显微镜下观察，发现岩石的裂缝中没有细菌，细菌都集中在岩石结晶中。后来，有人用更严格的方法进行试验，得到的结果和教授相同。

看来，细菌化石确实复活了。

通过进一步研究，科学家们发现这些复活了的细菌不能分解糖类，这和现代细菌强大的分解本领恰成明显对比。这是怎么回事？难道长期的"囚禁"生涯使其丧失了一部分生命力，还是远古的细菌本来就不具备现代细菌的本领？这是一个尚未揭开的谜。

这一试验结果使人们对"石油细菌"有了新的认识。人们早就发现，从地下深处喷出的石油里，有一些专靠"吃"石油生活的细菌，人们一般都认为它们是从地球表面混进去的。根据教授的上述试验，这些细菌可能就是远古时代的细菌，是一直伴随着石油埋在地下的，在一定的条件下变成化石，然后又复活了。

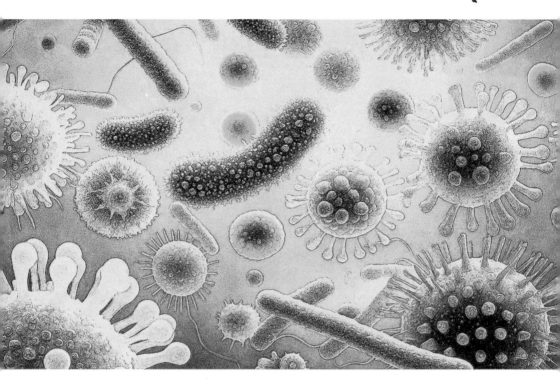

当然，并非所有古代的细菌化石都能复活。

科学家们做了一些实验，发现让细菌快速脱水，用干冰或其他方法来迅速冷却，它们可以在30年后"复活"。估计白云石里的细菌变成化石时，也是经历了快速脱水或快速冷却过程而后被封闭起来的。当时的自然环境怎么会发生这种过程，确实耐人寻味。

火焰山下的"鸟蛋"

　　1929年7月13日，美国自然博物馆中亚探险队来到我国新疆戈壁沙漠的巴彦察干进行科学考察活动。这天中午，他们在一座山下休息。此山到处是红石，犹如被大火烧过一般，加上天气炎热，他们一个个汗流浃背，有些狼狈不堪。

　　"这大概就是中国《西游记》里说的火焰山了吧！"探险队队长安德留斯博士一边擦汗，一边说："不知山里有无妖精？"大家哄笑起来，开始打开罐头吃午餐。这时，一个名叫欧鲁森的队员突然叫起来："看，这么大的鸟蛋！"大家过去看时，只见他从石缝里挖出一个无论谁看都像大鸟蛋的石头。这"蛋"长为20厘米，周长为16厘米，表面有细小的花纹。

　　显然，这是一个古代动物的蛋的化石。从它存在的地层看，应属白垩纪。也就是说，此蛋诞生于1亿年前。那时还没有鸟类，那么，这是谁的蛋呢？对此，大家争论不休。最后，一个名叫古兰贾的古生物学家说："这很可能是恐龙蛋，因为在白垩纪，恐龙是很兴旺的。作为爬行类的恐龙，也应该是卵生的，虽然我们从未发现过恐龙蛋……"

这是世界上首次发现恐龙蛋的经过。后来，在化石里找到了恐龙的幼仔，进一步证明古兰贾的猜测是正确的。再后来，在我国山东、河南等地又发现了许多恐龙蛋，有的蛋中还有蛋清和蛋黄构造。

人们发现，如果某一个地方有恐龙蛋，那就往往不是一个两个，而是许多个；也就是说，恐龙蛋是聚集在一起的，要有就多得惊人，要没有就一个也找不到。这是什么原因呢？科学家们把发现恐龙或恐龙蛋的地方称为"恐龙坟墓"。迄今为止，发现"恐龙坟墓"较多的地方，有中国、美国、印度、澳大利亚等国家。这些地方的化石都是在白垩纪沉积的地层中发掘出来的，而且地层都是由陆地的沙漠或湖底沉积而成的。

于是，人们设想了一些产生"恐龙坟墓"的原因：可能是古代的恐龙们，不小心走进沼泽地或沙土地带，陷入其中不能自拔，最终葬身在那里；日积月累，恐龙的遗骸越来越多，有些恐龙的体内有恐龙蛋，最终也和恐龙尸骨一起沉积于地下形成化石。

　　还有别的说法吗？有。有人认为，是河流的水把恐龙的残骸冲到湖泊里堆积起来，形成"集体坟墓"；也有人说，是突如其来的洪水把恐龙们围困在一处窄小的高地上，它们无食物可吃，最后统统被饿死了，或者，洪水继续上涨，把它们统统淹死了，于是，这一大群恐龙就被同时埋进了"坟墓"。

　　究竟哪种说法正确，现在还未有定论。

复活了的化石——水杉

世界上最大的树在美国加利福尼亚州。它是一棵红杉树，高100多米，远远看去就像大型发电厂的烟囱，但比烟囱粗多了。在它的根部挖一个洞，做一个隧道，可以开进汽车去。这棵树的历史有3000多年，与美国的建国历史（200多年）比较，这棵树简直是"老爷爷"了，所以美国人将此树尊称为"世界爷"。

实际上，在远古时代，地质学的新生代第三纪，地球上的气候温和湿润，到处都是郁郁葱葱的森林，像"世界爷"这样的大树并不稀罕。从化石上看，那时的树木中相当多的一部分就是红杉树。后来，地质变动，大陆漂移，气候变化，红杉树被海水淹没，埋入地下，最终变成煤炭。从现在煤炭的巨大蕴藏量推知，当年的森林是何等繁茂啊！

1941年，日本学者三木茂博士在日本岐阜县的第三纪黏土层中，发现了一种树的化石。这种树的果实呈球形，与红杉相似，但其叶片等形态与红杉又有所不同。这种植物在世界上还没发现过，三木茂博士给它起名为水杉。三木茂博士认为，水杉在地球上和红杉一样曾经兴旺过一阵，后来随着地壳变化和冰河时代的来临已经灭绝了。

　　然而，1945年，在我国重庆，有一位名叫王战的林业工作者在一座小寺庙旁边发现了一棵很像水杉的大树。当时，王战并不知道日本学者的研究结果，也不晓得这是什么树，他只是感到此树很奇特，于是把一些树枝、叶子和果实摘下来，寄给了南京大学的郑万钧教授。郑教授又把它们转交给了北京的胡先骕博士，胡博士立即赶赴重庆进行实地考察，发现那就是三木茂博士在化石中发现的水杉。也就是说，人们认为已灭绝了200万年的水杉还存在，它在那座小庙边上默默无闻地生活着！

　　消息传开，举世轰动。考古学家和生物学家们纷纷前来观赏和研究，将这棵大树称为"复活了的化石"，并提出许多问题，如为什么这种树只生长在中国的湖北和四川交界处？它的种子还能繁殖吗？美国加利福尼亚州的乔内博士对"世界爷"进行过详细的研究，

这次听说中国发现了水杉，立即放下手头的研究赶赴过去。他将这棵稀有之树的果实带回美国精心保存，并小心翼翼地在实验室中予以培育。令人欣喜的是，小水杉树苗长出来了！

现在，世界许多地方都有来自中国的水杉树在生长，它们都是那棵小庙旁的奇树的后代。比起其他树种来，水杉几近灭绝，但它的存在说明了一个道理，生存环境的改变会使一些物种陷入绝境，但总会有极少数的物种逃脱浩劫而幸存下来。世界上任何事情都会有例外。

测量振动的天才——蜘蛛

有一个谜语："伸开八条腿，独坐中军帐，摆开八卦阵，专捉飞来将。"谜底就是蜘蛛。当"飞来将"——通常是苍蝇或其他小飞虫——撞到网上时，蜘蛛立即出击，用黏丝将它们结实地捆起来，留作自己的口粮。

想必蜘蛛是先看到那个捣乱的家伙才出击的，其实不然。蜘蛛的头上虽生着八只眼，却几乎是"睁眼瞎"，视力很弱，它对外接受信息的主要媒介物是它织的那张网，而蜘蛛对振动的分析判断堪称"天才"。

一张蜘蛛网的直径为 50 厘米或更大些，重量却不过 1~2 毫克。制造这样轻的网，足以令人惊叹了。仔细观察可以发现，每一根丝由大约 20 根更细的丝组成，而且织网的丝分成两类：一类是从中心向外呈放射状的，一类是围绕中心一圈一圈的；前者不黏，后者是黏的。蜘蛛总是沿着不黏的丝行走，所以不会被粘住。

蜘蛛结好网后，便稳坐在网的中心。它的步足几乎

073

和网垂直，牢牢地钩住网。当网的某一部分发生振动，只有落在振动的那根丝上的步足随之振动，身体其他部位并不动。研究表明，蜘蛛能觉察到振幅在 0.01 毫米以上的振动。进一步研究发现，蜘蛛还可以根据振动的频率判断振动的性质，到底是昆虫还是风、落叶，或其他什么东西。也就是说，并不是一有"风吹草动"它就会立即出击。

德国的康斯坦茨大学的几位科学家，设计了一种"蛛网振动测量仪"。他们采用先进的激光技术对蜘蛛网进行研究后发现了一件有趣的事：当猎物撞到网上时，发出的振动有三种类型，即横向、纵向和侧向振动，而当振动频率为 200 赫兹时，三种方向的振动都出现最大值。

200 赫兹的振动恰好是苍蝇翅膀的振动频率。观察表明，对于低频的振动，如风、落叶等引起的振动，蜘蛛是"不屑一顾"的，它只对 200 赫兹左右的高频振动感兴趣。

还有一种振动，也是蜘蛛感兴趣的，那就是异性蜘蛛求偶时，在蛛网上发出的"良性振动"。当繁殖季节来临时，雄蜘蛛就离开自己的网，来到雌蜘蛛的网边，它先放出一根丝，搭在雌蜘蛛的网上，然后使它振动起来。雌蜘蛛显然对这种振动是"心领神会"的，便立即赶来"幽会"。但交配结束后，雄蜘蛛必须立即逃走，否则也有被雌蜘蛛吃掉的危险。为避免这一悲剧，雄蜘蛛往往事

先准备一只苍蝇或别的什么昆虫作为"彩礼"，当交配后的雌蜘蛛大嚼"彩礼"时，雄蜘蛛就可以从容地溜走了。

昆虫触网后，如果装死不动，完全有可能不被蜘蛛发现，可惜昆虫们没有这么聪明。

地道里的“女王”

南非开普敦大学的生物学教授贾维斯，有一次在森林里发现了一种奇怪的老鼠。它们身上光溜溜的，一根毛也没有，粉红色的皮肤上有许多褶皱。它们长有两对长长的门牙，看上去相当锐利，爪子上有坚硬的趾甲。它们很善于在地面上打洞，一转眼就能消失得无影无踪。

贾维斯把这种老鼠称为“裸地鼠”。他花了10年时间研究，发现这种动物不仅外表奇特，其行为更令人惊叹不已。

裸地鼠常年生活在暗无天日的地下，其视觉已退化到几乎全盲的程度，但其嗅觉和听觉却很灵敏。它们生活在全长可达1英里（1英里=1.609344千米）的地道系统里。该系统有好几层，在地表附近比较狭窄，越向下越宽阔。在每一个通道口，都有一个大老鼠脸朝外蹲伏着，好像岗哨一般，非同一群体者绝不放行。遇有外敌来犯，譬如钻进一条蛇，“岗哨”便奋不顾身发动攻击，附近的岗哨也赶来增援，非拼个你死我活不可。

　　裸地鼠的群体生活井然有序，很像一个地下王国，这王国的统治者是"女王"——一只身躯硕大的母鼠。她靠身上独特的气味维持着绝对权威，只有她有权生儿育女。其他的裸地鼠按工作性质分为两类：一是数量最多的工鼠，二是担任警卫的兵鼠。工鼠的地位较低，年

轻的工鼠地位更低，要干一些又脏又累的活，如植物的根须太长，进地道时需要咬掉，坑道里有粪便要打扫，哪个仓库的东西要搬家，都需要它们去干。工鼠熬到一定年龄后，方可升为兵鼠。

　　工鼠除了干活就是睡觉，有些浑浑噩噩。"女王"

的精力却充沛得很，它每小时都要巡视领地5次以上；每遇到一个"臣民"，它就凑过去嗅其脸部和后背，检验其是不是自己的家族成员，检查其身体和工作情况。有时"女王"会带回一个雄鼠进行交配，得宠的雄鼠得小心伺候和陪伴"女王"。工鼠送来的食物，得让"女王"吃第一口。即便如此，"女王"也仍然是朝三暮四，当它又带回新雄鼠的时候，"老相好"得赶紧知趣地溜走。

"女王"一次可生27只小鼠，每3个月一窝。小裸地鼠诞生后，头4周靠母亲哺乳，此后便由工鼠照料，3个月后加入工鼠的劳动行列。

"女王"的作用是不可替代的。有一次，实验人员有意拿走了一个群体的"女王"，结果这个群体立刻陷入无政府状态，没有一个裸地鼠去打洞或运食；有的坑道被群鼠堵塞，谁也不想动一下，处于僵持状态。贾维斯的发现，在生物学上有重要意义。长期以来科学界的看法是，形成"女王"统治系统的动物只可能是蜜蜂、蚂蚁等昆虫，它们的等级制是不同的遗传基因所致，是与生俱来的，是互相不可替代的。

哺乳动物，包括人类在内，不具备社会性昆虫天生的协作性。裸地鼠的发现，使这一看法发生了动摇。裸地鼠是典型的哺乳动物，从遗传基因来看，所有雌鼠都是一样的，它们其中的任何一个都可以生育，它们的体形和寿命也没有很大的差别。但在一定条件下，它们表现出了充分的协作性，多数裸地鼠"自愿"放弃了生育繁殖的权利，让"女王"独享这一神圣的职责。

进一步研究发现，裸地鼠的"社会性"还有一个特点是，它的每一个成员并不像蜜蜂之类那样任劳任怨、恪尽职守。例如，在搬运食物时，搬运者会偷偷吃掉一些食物，在"女王"不来巡视时它们有可能找个地方睡一觉。换句话说，裸地鼠既有协作和利他的一面，又有自私和利己的一面，其行为较为复杂。

有人把发现裸地鼠称为"找到了脊椎动物和无脊椎动物的社会性系统丢失的一环"，揭开这个"地下王国"之谜，对研究动物乃至人类社会行为的进化，无疑是有重要价值的。

大猩猩的"精神战术"

　　大猩猩身材高大，直立时身高为 1.25 ~ 1.75 米，体重可达 140 ~ 275 千克。它们有宽阔的胸膛、发达的肌肉和惊人的臂力，给人的印象是很厉害的。特别是当目击者看到它们拼命地嗥叫、狂暴地捶胸的情景，个个吓得要命，一致认为它们是一种残暴而凶恶的动物。

　　为了弄清大猩猩的秘密，有几位动物学家来到非洲的丛林中实地考察，有些还和"大猩猩"交了朋友，从而对大猩猩的行为和群体结构有了进一步的认识。

　　根据动物学家萨勒的观察，大猩猩是相当温和的动物，如果不遭受攻击，它们不会对人发动攻击。大猩猩只在生命受到威胁时才投入搏斗。不过，成年雄性大猩猩遇到人或别的雄性时，往往要做出一连串示威动作，实际上是进行一场"精神战"，旨在吓唬对方。一般程序是，首先断断续续叫几声作为开场白；然后摘下几片叶子放进嘴里，像是要竭力使自己镇静；接下来再跳起来，拽起一把树枝抛到空中，全身挺立，用双手交替锤击自己的胸部，发出"啪啪"的声响，把一只脚甩起来，顷刻又"呼哧呼哧"地向前奔跑，与对方擦身而过。这形象和动作很像是要和对方"拼命"，然而实际上并不伤害对方一根毫毛。

　　这一连串动作大约要持续半个小时，如果对方也是只大猩猩，经过这一番相互威胁后，一般总有一方主动"撤退"，转身离去。但对于从未见过大猩猩的人来说，这一番折腾可够吓人的，再加上"幸存者"对"险境"的夸张描述，大猩猩就被定性为"凶残动物"了。

　　大猩猩和黑猩猩一样，都是人类的近亲，是完全

可以和人类和平共处的。它们的智力和其他动物比较，也算是比较聪明的。人的脑容量为 1100 ~ 1500 毫升，黑猩猩的脑容量为 400 多毫升，而大猩猩的脑容量为 500 ~ 685 毫升，比黑猩猩高出不少。美国斯坦福大学毕业的年轻姑娘彭妮·帕特森通过训练，让一只大猩猩学会了"说话"。

这种"话"是一种手势语，类似于聋哑人使用的"哑语"。1972 年 7 月训练正式开始，帕特森选中的"学生"

是仅1岁的名叫柯柯的雌性大猩猩。训练开始时进展比较缓慢，这个"学生"的智力似乎是差一点儿，每个月只能学会一种手势语。这时，不少人认为帕特森的试验前景不妙。但这位姑娘并不灰心，坚持教了下去，训练了三年之后，柯柯掌握的"手势"单词增加到184个，而到6岁半时又增加到375个，这使帕特森信心大增。帕特森特地设计了一种电子发生器，当柯柯看到某个手势或准备打某个手势时，就按一下键盘的某个键，电子发生器就发出相应单词的声音来。

柯柯试验的成功，证明大猩猩和人类之间有"共同的语言"可以交流，从而可以推翻有关它的"凶恶残暴"的传言。

海水为什么是咸的

　　海水是咸的，人所共知。但海水为什么是咸的呢？这恐怕就不好回答了。

　　先说一个民间传说。很久以前，有兄弟二人。老大很贪婪，为独霸家产，父母一去世就把老二赶到了山上。老二无奈，只好采野果度日，生活十分艰难。有一天他太累了，躺在一块大石板上睡着了。他做了一个梦：一位仙女告诉他，这块石板是神石，用它做一盘石磨，可

以不断磨出盐来。

　　老二照仙女的话用这块石板做了石磨。果然，只要推动这石磨，下面便流出白花花的盐粒。老二有了这个宝贝，从此吃穿不用发愁了。老大闻听又生歹心，假惺惺地把老二接回家，说一家人要相互照应，暗地里却下了毒手。他用毒药害死了弟弟，把尸体扔进了海里。老大以为这一下可以独占神磨发大财了，便套上牲口，日夜不停，加紧造盐。家里的盐很快堆成了山，老大高兴极了。就在这时，发生了可怕的海啸。海水涌上来，把老大一家连同神磨都卷进了海里。老大淹死了，那牲口却没有死。它不断推磨，推呀，推呀，盐粒不断从磨孔里流出来，溶化在海水里，使海水变咸了。

　　对于这个传说，科学家们一笑置之。他们对于海水为什么是咸的另有一番解释。

在回答海水为什么是咸的这一问题前，得先弄清海水的来源。

在我们居住的星球上，泱泱大海确实是无与伦比的一大景观。世界上最大的高原、最大的平原、最大的沙漠也不过几百万平方千米，和 3.6 亿平方千米的海洋面积相比，就像西瓜面前的芝麻了。

再举一个例子，如果把世界最高峰——珠穆朗玛峰放到海水最深的地方，它离水面还有 2000 多米呢！我们的古人对此很有感触。《庄子·秋水篇》中说："夫千里之远，不足以举其大；千仞之高，不足以极其深。"曹操有一首《观沧海》诗，其中两句"日月之行，若出其中；星汉灿烂，若出其里"，把大海和日月星辰相提并论，足以说明在这位政治家兼诗人的心中，大海是何等的壮阔！

这么多的海水是从哪里来的呢？多数科学家认为，原始地球上并没有水。地球原是一个炽热的"火球"，有许多火山在不停地喷发。火山喷发物中除了岩浆，还有大量水蒸气。水蒸气遇冷凝结，形成云雨。那时候经常电闪雷鸣，大雨滂沱，这些水汇合在地球的低洼处，就形成了原始的海洋。

有的科学家认为，海水还有一个来源。太阳曾经大量地向外喷射氢粒子。我们知道，水是氢和氧的化合物，

当太阳喷射的氢粒子来到地球附近的时候，被地球的磁场吸引，便会进入地球的大气层，和大气中的氧结合，形成水降到地面。

可见，大海的水有两个来源：一是地球本身，二是太阳。不管是哪个来源，水蒸气凝结和汇聚形成的是淡水，不可能有咸味。

海水由淡变咸是一个漫长的过程。陆地的岩石里有许多可溶解的盐，这些盐被水溶解后进入海洋。海洋中的水蒸发变成水蒸气，盐却留了下来。也就是说，水可以不断循环，盐却越积越多。这里，江河的作用是不可忽视的。江河千条归大海，正是它们把陆地上的盐源源不断地输向大海。据估算，全球的河流每年带到海洋里去的溶解盐约为 30 亿吨。

要说明的是，大海的盐类有很多种，成分十分复杂，我们常见的食盐只是其中之一。不过就这一种，数量之大也让人叹为观止。有人做过估算，把海里的食盐全部提取出来，铺到陆地上，陆地将升高 100 多米。试想，这是一笔何等巨大的财富！

深海的 "土豆"

　　1873 年 2 月 18 日，英国有一艘名为 "挑战者" 号的考察船，来到了加那利群岛西南约 300 千米的一片海域。

　　那天晴空万里，波光粼粼，人们的心情格外舒畅。当海底采样器砰的一声进入海中时，大家欢呼起来。这是一种新式采集器，能在海底自动抓取样品，并将样品完整而安全地送到船上来。当人们整理取出的样品时，竟发现了一件 "宝贝"，人们惊讶地叫了起来。

　　这 "宝贝" 是埋在海底泥沙中的球状硬块，大小像土豆一般，呈椭球形，表面凸凹不平，颜色呈黑色或黑褐色，不太好看。从外貌上看，称其为 "宝贝" 似乎有些勉强，但经分析，它确是 "宝贝" 无疑。这东西里面含有珍贵的金属，种类达数十种！

　　后经多年考察发现，除了北冰洋，世界其他大洋均有 "土豆" 存在，只不过稀疏程度不同罢了。

　　据估算，"土豆" 在海底的储藏量巨大，三大洋中共有 3 万亿吨，其中太平洋中约 1.7 万亿吨。"土豆"所含的金属有锰、铜、镍、钴等。因为含锰的比例较大，有人称之为"锰块"或"锰结核"。现在，这些"土豆"一般被称为"多金属结核"。

"多金属结核"的直径一般为 3 ～ 30 厘米，但也有更大的。1955 年，英国一艘轮船从菲律宾海沟里拖拉海底电缆时，发现挂在电缆上的一个"多金属结核"直径达 1 米以上。

这些"土豆"状的"多金属结核"是如何形成的呢？这个问题至今还是未解之谜。科学家们提出了很多假设，有的认为是生物所为，有的认为是化学沉积，还有的认为是火山爆发的产物，也有的认为是上述原因的综合。

如果把"多金属结核"切开，可发现里面有玄武岩，也有浮石的碎片和鲨鱼的牙齿。鲨鱼的牙齿会一点点积累在海底，和玄武岩及浮石一同构成"多金属结核"的"核心"。有人认为，陆地岩石中含有的锰等金属元素，会被雨水冲进河里，再进入海洋；海里火山爆发，会把地球内部的金属元素带进海洋。这些金属元素在海洋中累积沉淀，黏在"核"上，逐渐长大，就成了"土豆"。

我国有的学者认为这种沉积和"黏结成核"的本质原因，是生物体的活动。

为什么说与生物体的活动有关呢？经过仔细观察，人们发现这些"土豆"和沉积物接触的一面是粗糙的，而和海水接触的一面是光滑的。剥开"土豆"看时，发现结核在渐渐长大的过程中有时是光滑的，有时又是粗糙的。也就是说，"土豆"在生长的过程中会"滚动"，有时这一面朝上，有时这一面朝下。这种滚动的力是从哪里来的呢？一种合理的解释就是海底生物的活动产生了向上的"托力"，从而使"土豆"发生了滚动。

总之，"多金属结核"成核之谜还未得到破解，科学家们提出的看法也很不成熟。

从工业上讲，这些"土豆"的开采价值很大，而且由于它们暴露在海底，开采比较容易，只要把它们收集起来就可以了。

采集的时候，可以用船拉着类似扫地机那样的机器，将海底的"土豆""扫"到一起，然后用强大的吸力将它们吸到海岛上，再装船运往世界各地。

海底矿产资源很多，不光是这些含锰的"土豆"，还有一些海底区域铺着红色黏土，这些黏土含有铝和铜。据估算，海中这些黏土的储藏量也很高，所含铝、铜等金属可供人类使用100多万年呢！

海底蕴藏着丰富的"宝藏"，只不过很多"宝藏"目前尚未得到开发，处在"沉睡"状态。

海流之谜

　　1513 年，来自欧洲的 3 只帆船沿着佛罗里达半岛向南航行。这是一支远洋探险船队，为首的庞德·德·列昂是有经验的航海家。他们越过卡纳维拉尔角不久，就遇到了一股强大的海流。这股汹涌的海流迎面扑来，把船冲得东倒西歪。船员纷纷落水，列昂急忙下令后退。

　　"也许等两天就好了。"几天后列昂整顿一番，再次率船队前进，结果比前一次更惨，汹涌的海流把 3 只船冲得几乎沉没。列昂这才认识到"此路不通"，于是下令改道而行。

　　他们的这段经历公布后，并没有引起世人的关注。人们想，那可能是一股偶然出现的海流吧。后来，本杰明·富兰克林发现，来往于英国与美国的邮轮，在从西向东航行时，航期总要缩短一些，这是怎么回事？会不会有一股强大的海流在帮忙呢？他把有关资料找来仔细研究，这些资料当然也包括列昂船队的遇险记录。最后

他断定，大西洋西侧有股强大而稳定的海流。因为它发源于墨西哥湾，故被命名为"墨西哥湾暖流"。

此暖流是海洋中最大的暖流，其宽度和流速都相当惊人。它通过佛罗里达海峡时的水流量约为每秒2600万立方米，超过了陆地上密西西比河、亚马孙河及长江等大河的流量。

这条暖流的受益国很多，包括美国、加拿大、英国、冰岛、丹麦、瑞典和芬兰等。所谓受益，并非船快一些的问题。这益处主要体现在那个"暖"字上。以英国为例，其纬度和我国东北差不多，可为什么当东北处于零下几十摄氏度的严冬时，英国却依然春意盎然呢？从纬度来

看，挪威已进入北极圈。可你会发现这个国家森林茂密，湖泊星罗棋布，每个月的平均气温都在0℃以上，年降水量在1000毫米以上，这又如何解释？

墨西哥湾暖流将大量的热量带给了流经的沿岸地区，改变了当地的气候。有人做过计算，这条暖流在1米长的海岸线上可提供相当于6万吨煤发出的热量。我们知道，英国煤的年产量才1亿多吨。这样一对比，就可知大海给英国人的"馈赠"是何等丰厚了。

太平洋也有一条著名的暖流，它的名字叫黑潮。它在海面上呈蓝黑色，又流动得很快，像潮水一样，因而得名。黑潮发源于赤道附近，经菲律宾、我国台湾岛后，沿海岸北上，经过我国东海，进入日本南方海域，滚滚东流，最后在北纬35度处变弱并消失。我国古书《元史》中有记载说，靠近琉球群岛附近的海水流动得很快，这段话可认为是有关黑潮的最早记载了。

科学家们发现，黑潮的"行动"有许多诡秘之处，令人不解。黑潮流着流着，就会像蛇一样弯曲起来，形成一个很大的弯，然后又直起来。这个弯被海洋学家称为"蛇行"。发生"蛇行"的地点是在日本南部海域，每次弯曲的情况不尽相同。从1934年以来，这种"蛇行"已发生多次。每次持续时间不一样，少则3年，长则10年。

是什么力量让这条暖流的路线发生弯曲呢？

在黑潮附近有时会出现一大片特别冷的海水，称为"大冷水团"。有趣的是，"大冷水团"的发生和黑潮的"蛇行"有一定的联系。当"大冷水团"出现并移动时，黑潮的"蛇行"也发生并相应移动，但这两者谁先发生、谁后发生，谁是原因、谁是结果，科学家们还未弄明白。

有时，黑潮在流动中还会"甩"出一个"环"来。

当然，这个"环"也是一种海流，不过此海流首尾相接而已。这种环流可持续3个月，其直径有200多千米。其流速比黑潮快，每小时5.5～7.2千米。这种海上奇观不是经常可以看到的，其形成原因也是一个谜。

不速之客——"圣婴"

1982年年末，一艘满载着货物的香港轮船穿越太平洋，来到秘鲁首都利马的外港。船员们被腥臭难闻的气味熏得头昏脑涨。正纳闷时，有人喊起来："看，海面上是什么东西？"人们定睛看时，却是一条条肚皮朝上的死鱼和耷拉着脑袋的死鸟。这是怎么回事？这个有名

的渔场为何变成如此模样？海关官员告诉他们说："糟透了，厄尔尼诺来了！"

厄尔尼诺，在西班牙语中是"圣婴"的意思。每隔几年，秘鲁的渔场就要发生一次因海水突然升温造成鱼死鸟亡的浩劫。因为灾难发生在圣诞节前后，当地人常常惊呼说："圣婴来了！"

厄尔尼诺到来的时候，不仅渔场一片狼藉，气候也乱了套。本来干旱缺雨的秘鲁地区突然暴雨连绵，河流决口，洪水泛滥，而且连续几周之久。人们来不及逃走，只好爬上树木和房顶，等待救援。

厄尔尼诺最早发生的年代已无从考证，有文字记载的最早一次是 1864 年。

厄尔尼诺的影响波及全球。1997 年，全世界几乎所有国家都深受厄尔尼诺的危害，其来势之猛出乎人们的预料。这一年太平洋西部变得少雨，南亚、印度尼西亚和非洲东南部大范围干旱，森林火灾频频发生。而南太平洋东部及沿岸的情况则刚好相反，降水增多，厄瓜多尔、秘鲁、哥伦比亚、智利等地洪涝严重。中国国际广播电台记者发回的报道说："夏季，连续的大雨在智利形成了 1300 多平方千米的受灾区。安第斯山脉的一些公路积雪有 3 米深。由于连降大雪，一些地区同外界失去了联系，学校停课，工厂停工，人畜生命受到严重威胁。"

　　这一年我国华北和东北地区出现 50 年来罕见的持续高温天气，连续半个月在 37℃ 左右。因持续干旱，全国受灾面积达 3 亿多亩。有人估计，这一年的厄尔尼诺给全世界造成的经济损失不少于 250 亿美元。

　　为什么会出现厄尔尼诺现象呢？这是一个未解之谜。但它的出现是有预兆的。

　　一般认为，赤道附近的东太平洋是一个敏感地区。这里的海水温度如果持续 6 个月比正常温度高 0.5℃，厄尔尼诺必来无疑。当监测海洋水文状况的人造卫星发现这块地区出现温度异常时，就要提高警惕了。这儿本来有一股著名的寒流——秘鲁寒流。这条寒流顺着南美大陆西海岸向北奔流，在秘鲁附近增宽至250海里，为秘鲁带来巨大的财富——丰富的鱼类、鸟类等生物资源。当厄尔尼诺降临时，人们发现有一股暖流从赤道地区浩浩荡荡南下，不由分说把秘鲁寒流挤了出去，于是在鱼、鸟等生物大量死亡的同时，世界的气候也随之大变。

海底"烟囱"

世界上最长的山脉在哪里?

它不在陆地上,而在海洋深处。它蜿蜒连绵,总长达 6.5 万千米,贯穿太平洋、大西洋、印度洋和北冰洋。它的名字叫"大洋中脊",或称"中央海岭"。

在这条山脉靠近东太平洋的加拉帕戈斯洋脊处,有一种独特的海底奇观。

这一奇观是 1979 年春天被发现的。当时,一些美国科学家乘坐深海潜水器"阿尔文"号,在太平洋进行考察。这一潜水器能下潜到 2000 多米的海底,行驶速度可达每小时 4 海里。它有 4 个观察窗可供拍照和摄像,还配备了一个机器人,必要时可下到海底采集样品。科学家们瞪大了眼睛,仔细观察,希望有所发现。

"看,那是什么?"有人突然大叫起来。大家顺着他指的方向看,只见在 2700 米深处,海底的山脊之上有个大"烟囱"正向外冒着滚滚的浓烟,气势甚为壮观。

这些"烟囱"分布在海底，分布区域足有几千米长。从中冒出的烟有的是白色的，有的是黑色的，源源不断。深潜器"阿尔文"号不敢怠慢，加大马力向那"烟囱"驶去。科学家们靠近前才看清，那"烟囱"的结构还挺复杂：下面是一个个小山丘，大小不等，最大的直径有25米，高有10米；顶部是一段空心石柱，有几米高。浓烟就是从石柱中冒出来的。

再向附近看时，科学家们更惊讶了：在如此深的海底，较大的海洋生物应该"绝迹"了，但在这些"烟囱"附近，有不少奇形怪状的鱼儿游得正欢呢！白蟹、大

蛤、水母等生物也适得其所。最有趣的是被称为"巨型管虫"的生物了。它们长可达2.5米，像大号的口红，又像一条条有着红白两色的彩带在海底舞来舞去，似乎在为深潜器"阿尔文"号的到来欢呼。

经过一番考察，"烟囱"之谜解开了。原来这是地热形成的奇观。这儿靠近熔岩涌出之地，产生了许多温泉。那滚滚的浓烟实际上是涌出的热液。那烟囱呢？其实是热液中的矿物质析出的沉淀物。这些沉淀物经过很多年的积累，变成了小山丘和空心石柱，远远看去酷似"烟囱"。那"黑烟"和"白烟"的区别不过是热液中含有的物质不同罢了。

科学家们进一步考察发现，海底热液中的海水，是先渗进洋底地壳再带着矿物质涌出来的，而且是循环往复的。它就像一位"运输大队长"，不断地把地壳中的钙、铁、铜、锌、硅等矿物质带到海水里，又使这些矿物质沉淀在热液的周围。这样就形成了极富经济价值的海底矿床。从东太平洋海底热液附近采集到的样品中，铁和锰的含量很高，其中铁的含量高达39%。海底热液可能成为人类重要的矿产宝库。

另外，海底热液附近的生物如此活跃，也给了人们一个启发：不靠太阳的光和热，生物也是可以繁衍生息的。这种特殊的生态系统很值得继续研究。

龙王的礼物

在地中海，有一个盛产珍珠的小岛。有一天官兵来传令，岛上居民3天内必须交出5千克珍珠，否则全岛的男人都要被处死。岛上的人们吓得要命，拼命潜水打捞，但也只凑了不到一半。就在官兵气势汹汹准备屠杀时，有一个名叫格拉谷斯的小伙子挺身而出，声称只要宽限1日，他便可以交齐5千克珍珠。

在官兵们的严密监督下，格拉谷斯跳进海里。大约一刻钟之后，他浮出水面，手里抱着一大块绿色的东西。官兵们正诧异时，这位青年禀报说："可吓死我了。我在海底正要采珠，忽见珠光闪闪，一大群虾兵蟹将簇拥着龙王，迎面而来。我赶紧叩头参拜。那龙王先是十分暴怒，要把我处死，后来听说我是岛上的使者，又转怒为喜，吩咐两名蟹将搬出一份礼物，让我回来献给国王。就是这礼物了。"官兵们信以为真，便将此事禀报了国王。

国王看着从海中来的"礼物"，有些莫名其妙。

格拉谷斯又说龙王告诉了他处理"礼物"的方法，愿给国王演示一番。他把"礼物"——那湿漉漉的绿东西放在王宫阳台上，用海沙埋起来，晒了一阵，再挖出来看时，那东西变成了乳白色，非常细腻松软。格拉谷斯将它放在国王的宝座上，国王坐上去感觉舒服极了。国王一高兴，不但免了全岛人的罪，还重赏了这位勇敢的小伙子。

格拉谷斯用来蒙骗国王的所谓"龙王的礼物"，实际上是水生动物——海绵。"海绵"因其身体柔软而得名。这是一类很原始的多细胞动物，全身千"窗"百孔，每一个小孔都是它们的"嘴"。海水从这些"嘴"里流进去，给海绵带去了充足的食物和氧气，最后从海绵顶端的出

水孔流出。海绵虽是动物，但成体却固定生活。海绵通过内层细胞的鞭毛摆动控制海水的流进流出。据说，一个直径1厘米，高只有10厘米的海绵，一天之内就能过滤10千克海水。

海绵的种类超过8900种，世界上许多海域都有海绵的踪迹。海绵产量较高的地方，除南太平洋外，还有希腊半岛沿海、叙利亚沿海及红海一带。著名科幻小说家儒勒·凡尔纳描述红海一带的海绵时说："……这里的海绵各种各样，有角形的、叶状的、球形的、指形的

等。渔民们给它们起的名字就更奇妙了，什么花篮、花萼、羚羊角、狮子蹄、孔雀尾、海王手套等，不一而足。"

海绵的再生能力极强。人们把海绵切成小块，甚至将其捣烂过筛，然后扔到海里，海绵个体依然可重新长成。

有时，人们会在海绵体内发现一种活的小虾。这些小虾是怎么进去的呢？原来，这些小虾是随着海水进去的，那时它们还小，进去之后有吃有喝，便"乐而忘返"。日子一久体型变大，它们想出来也出不来了。人们给这种虾送了个雅号叫"俪虾"，意思是它们很像难舍难分的夫妻。

海绵的用途不少。晒干后的海绵柔软、细腻且有保温作用，作为盔甲或衣服的衬垫颇为合适。海绵还可以代替绷带来包扎伤口。

科学家们还发现海绵中有可抑制细胞生长的活性成分。用此种物质作为骨架，进行化学加工，得到了一种名叫"阿糖胞苷"的新药。这种药可治疗急性血液病和一些癌症，效果相当不错。从这个意义上讲，龙王送给国王的确实是个珍贵的"宝物"呢。可惜国王也好，那位勇敢青年格拉谷斯也好，都不晓得这一点。